Antoine Brin • Lionel Valladares

INSEKTEN

W0396135

Illustrationen von Anne Eydoux
Aus dem Französischen von Cornelia Panzacchi

cbj

INHALT

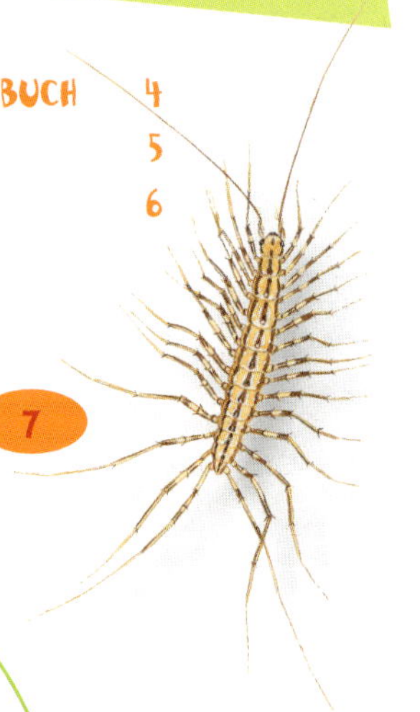

KREBSE, SPINNENTIERE & CO. 7

KÄFER 13

ZWEIFLÜGLER UND HAUTFLÜGLER

SCHMETTERLINGE

ANDERE INSEKTEN

GEBRAUCHSANWEISUNG FÜR DIESES BUCH

Bist du bereit, die Welt der Insekten zu entdecken? Verwende einen Käscher und eine feste, durchsichtige Plastikdose, um sie zu fangen und von allen Seiten anzusehen. Halte sie aber nicht zu lange gefangen und lasse sie dort wieder frei, wo du sie gefunden hast. Manche Arten brauchst du gar nicht zu fangen: Sie halten lange genug still, damit du sie in Ruhe anschauen kannst.

Um eine Spinne oder ein Insekt zu bestimmen, schaut man sich die Körperform genau an und zählt die Beine. Mithilfe des Bestimmungsschlüssels (S. 6) kannst du herausfinden, wen du da vor dir hast. Denke daran, dass für die Bestimmung auch kleine Einzelheiten wichtig sind.

KLASSE UND ORDNUNG

Alle Arten, die gemeinsame Merkmale haben, gehören einer Familie an. Familien, die einander ähneln, bilden eine Ordnung genannte Gruppe. Ordnungen, die bestimmte Gemeinsamkeiten aufweisen, bilden eine Klasse.

DEUTSCHER NAME UND WISSENSCHAFTLICHER NAME

Jede Art hat einen wissenschaftlichen, zweiteiligen Namen, der in allen Ländern gleich ist. Den deutschen Namen kann man sich leichter merken, aber eine Art kann in einer Sprache mehrere Namen haben. Mitunter bezeichnet ein deutscher Name mehrere Arten.

Bei jeder Art findest du …

Wie bei allen Tieren unterscheidet man auch bei Spinnen und Insekten zwischen tagaktiven und nachtaktiven Arten.

BEOBACHTUNGSZEITRAUM

Der Zeitraum im Jahr, in dem man eine Art zu sehen bekommt, ist immer auch von den Wetterbedingungen abhängig und kann von einer Region zur anderen verschieden sein.

INSEKTEN UNTER DER LUPE

Neben ihrer geringen Größe haben alle in diesem Buch beschriebenen Tiere eine weitere Gemeinsamkeit: Sie besitzen nicht Knochen wie wir, sondern ein Außenskelett. In der Wissenschaft nennt man sie Arthropoden oder Gliederfüßer. Hier werden die Fachbegriffe erklärt, die in diesem Buch vorkommen.

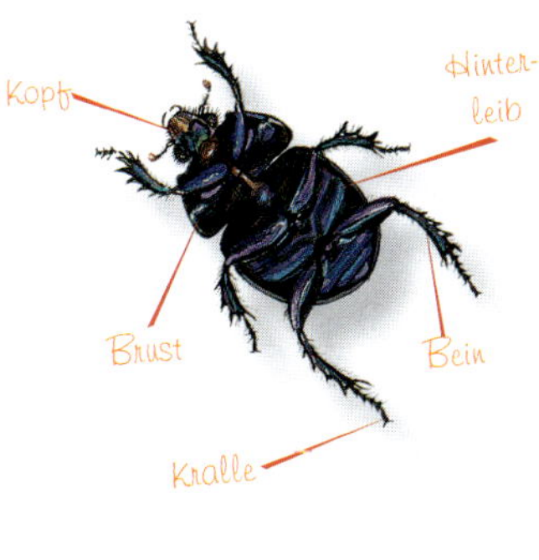

LEBENSZYKLUS DER INSEKTEN

Bevor sie zu erwachsenen Insekten werden, machen die aus Eiern geschlüpften Tiere einen Lebensabschnitt als Larven durch.

Unvollkommene Verwandlung

Bei bestimmten Arten ähnelt die Larve stark den Elterntieren und ernährt sich auf die gleiche Weise wie sie. Sie wächst in aufeinanderfolgenden Stadien oder Häutungen. Bei jeder Häutung bildet das Tier jeweils eine neue Haut und schrittweise alle Merkmale eines erwachsenen Tiers aus.

Vollkommene Verwandlung

Bei anderen Arten sieht die Larve vollkommen anders aus als das erwachsene Tier. Sie verwandelt sich in einer einzigen Etappe, der Verpuppung. Dazu hört sie zu fressen auf und verpuppt sich: Sie wird starr und bildet eine harte äußere Hülle aus, innerhalb derer sie sich entwickelt. Ernährungsweise und Lebensraum der Larven dieser Arten sind von denen der Elterntiere sehr verschieden.

Juvenile

Bei anderen Gliederfüßern, wie den Spinnen, gibt es keine Metamorphosen genannte Verwandlungen. Anstatt als Larven bezeichnet man die frisch geschlüpften Tiere als Juvenile (im Gegensatz zu den Erwachsenen, den Adulten).

Bestimmungsschlüssel

Du hast ein Insekt gefunden und willst das Tier bestimmen? Beantworte die folgenden Fragen in der richtigen Reihenfolge. Über die Antworten wirst du zum passenden Kapitel verwiesen.

Frage 1

Hat dein Tier mehr als sechs Beine?

Ja: Siehe Kapitel »Krebse, Spinnentiere & Co.« (S. 7)

Nein: Gehe zu Frage 2

Frage 2

Sieht man beim ruhenden Insekt die Flügel?

Ja: Gehe zu Frage 7

Nein: Gehe zu Frage 3

Frage 3

Ähnelt das Tier in etwa dem Bild hier unten?

Ja: Siehe Kapitel »Zweiflügler und Hautflügler« (S. 31)

Nein: Gehe zu Frage 4

Frage 4

Ist dein Insekt ein »Springer«? (Ist das dritte Beinpaar stark entwickelt?)

Ja: Siehe Kapitel »Andere Insekten« (S. 49)

Nein: Gehe zu Frage 5

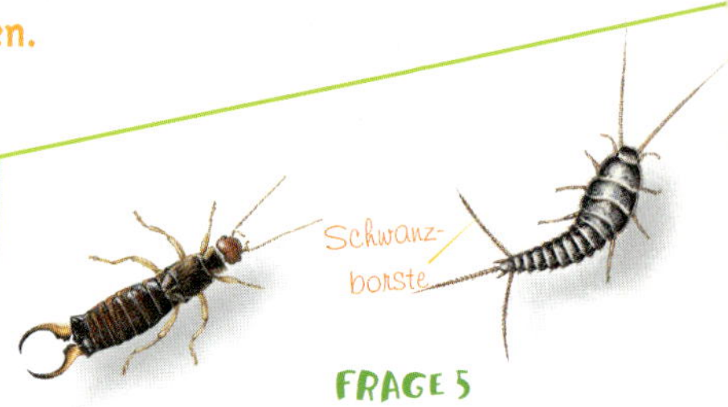

Frage 5

Ist der Körper länglich und weist das Ende des Hinterleibs Schwanzborsten auf?

Ja: Siehe Kapitel »Andere Insekten« (S. 49)

Nein: Gehe zu Frage 6

Frage 6

Ähnelt es einer dieser Abbildungen?

Ja: Siehe Kapitel »Andere Insekten« (S. 49)

Nein: Siehe Kapitel »Käfer« (S. 13)

Frage 7

Ähnelt es einer dieser Abbildungen?

Siehe Kapitel »Schmetterlinge« (S. 41)

Siehe Kapitel »Zweiflügler und Hautflügler« (S. 31)

Siehe Kapitel »Andere Insekten« (S. 49)

KREBSE, SPINNENTIERE & CO.

- WEBERKNECHT
- HAUS- ODER WINKELSPINNE
- STRANDFLOH
- KELLERASSEL
- SPINNENLÄUFER

WEBERKNECHT

Opilio sp.

Der Weberknecht, an seinen vier Paaren dünner, sehr langer Beine leicht zu erkennen, ist für uns Menschen vollkommen ungefährlich. Außerdem ist er nützlich, denn er ernährt sich von kleinen Insekten. Zusätzlich knabbert er verschiedene Küchenabfälle. Anders als die Spinnen baut er kein Netz. Auch ist sein Körper nicht gegliedert.

- Klasse: Spinnentiere
- Ordnung: Weberknechte
- nachtaktiv
- Länge: 50 mm

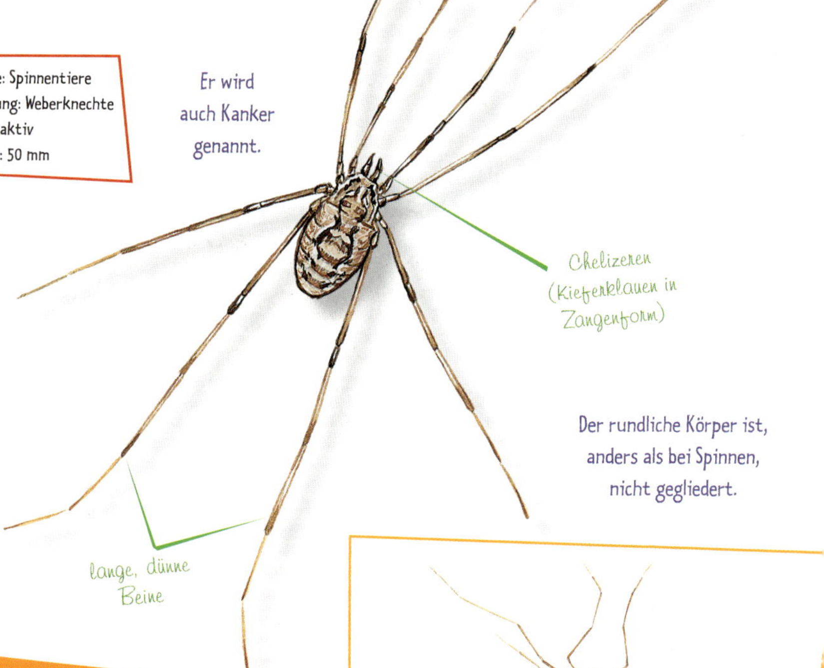

SCHON GEWUSST?

Mitunter sieht man einen Weberknecht, dem einen Bein fehlt. Vielleicht hat er es geopfert, um sein Leben zu retten. Wenn ein Fressfeind ihn packt, versucht der Weberknecht zu entkommen – auch wenn es ihn ein Bein kostet.

J F M A M J J A S O N D

- Hauswände
- Flachland und Hügel

HAUS- ODER WINKELSPINNE

Tegenaria domestica

Diese große, behaarte Spinne ist für den Menschen harmlos. Wenn du zu Hause hinter die Möbel schaust, findest du vielleicht ihr Nest. Mitten in ihrem dichten, dreieckigen Netz ist eine Röhre, in der sie den Tag verbringt. Nachts kommt sie heraus, um die Insekten zu fressen, die in ihrem Netz hängen geblieben sind.

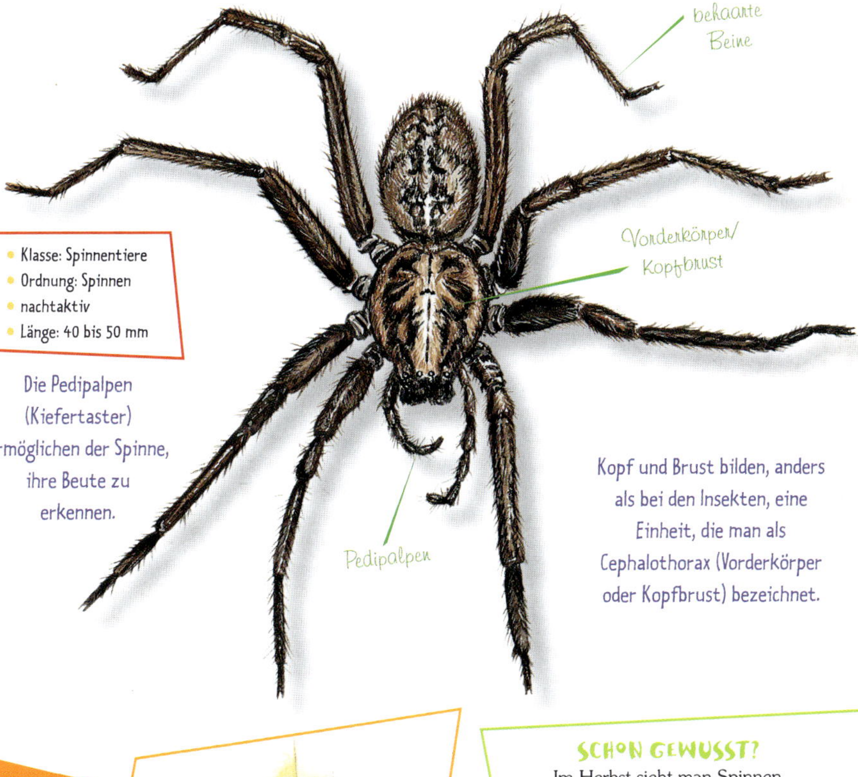

- Klasse: Spinnentiere
- Ordnung: Spinnen
- nachtaktiv
- Länge: 40 bis 50 mm

Die Pedipalpen (Kiefertaster) ermöglichen der Spinne, ihre Beute zu erkennen.

Kopf und Brust bilden, anders als bei den Insekten, eine Einheit, die man als Cephalothorax (Vorderkörper oder Kopfbrust) bezeichnet.

DAS NETZ
Es ist dreieckig und waagerecht.

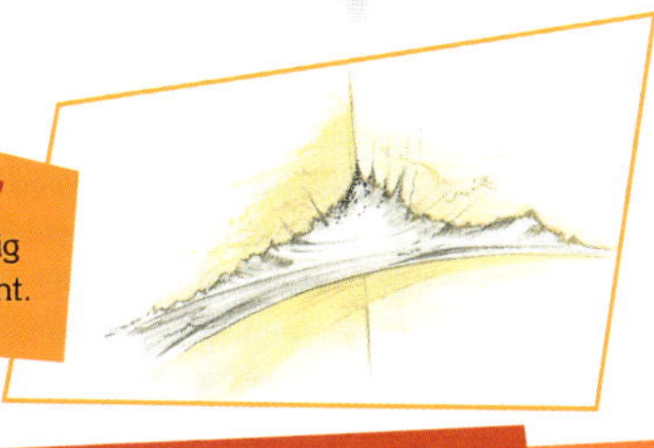

SCHON GEWUSST?
Im Herbst sieht man Spinnen auch fern ihrer Netze. Es sind Männchen, die Weibchen suchen, oder aber Tiere, die ein neues Revier benötigen.

J F M A M J J A S O N D

- Häuser
- Flachland und Hügel

STRANDFLOH

Talitrus saltator

Diesen kleinen Kerl triffst du, wenn du am Strand Algen oder Treibgut aufhebst. Er ähnelt einer kleinen Krabbe, kann aber springen. Es gibt viele ähnliche Arten, die jedoch weniger verbreitet sind. Strandflöhe ernähren sich von Abfällen und Plankton (winzige, mit bloßem Auge nicht sichtbare Tiere und Pflanzen) und halten so die Strände sauber.

Keine Angst: Er beißt (uns) nicht!

- Klasse: Krebse
- Ordnung: Flohkrebse
- nachtaktiv
- Länge: 6 bis 15 mm

Im Wasser kann er sich dank der Krallen an seinen Beinen an die Algen klammern.

Der Körper ist seitlich abgeflacht.

WACHSAM

Das Weibchen bewahrt die Eier bis zum Ausschlüpfen zwischen seinen Beinen auf.

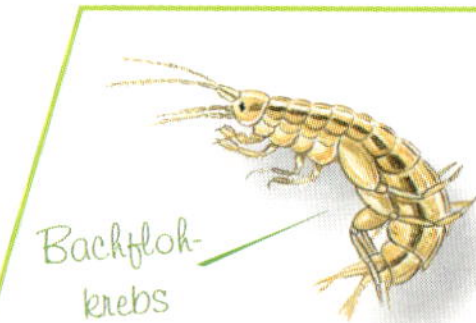

IM SÜSSWASSER

Der Bachflohkrebs ähnelt dem Strandfloh, lebt aber im Süßwasser. Er hält sich in Bächen unter Steinen auf.

J F M A M J J A S O N D

- Strand
- Alle Küsten mit Sandstränden

KELLERASSEL

Porcellio scaber

Während die anderen Krebse, wie z. B. Krabben, Garnelen und Flusskrebse, im Wasser leben, ist die Kellerassel ein Landtier. Aufgrund ihres Atmungssystems ist sie jedoch auf Feuchtigkeit angewiesen. An trockenen Orten wirst du sie daher nicht antreffen.

NOTFALLS RUND

Wenn Gefahr droht, rollen sich Kellerasseln zur Kugel zusammen. Du kannst dich selbst davon überzeugen. Es genügt, das Tier leicht anzustupfen. Es rollt sich sofort zusammen.

- Klasse: Krebse
- Ordnung: Asseln
- nachtaktiv
- Länge: 10 bis 15 mm

Kellerasseln werden zwei oder drei Jahre alt.

Es gibt Hunderte verschiedener Asselarten und ihre Bestimmung ist nicht immer leicht. Die Kellerassel ist eine der meistverbreiteten Arten.

Die hinteren Hinterleibsplatten sind bei der Kellerassel zahlreicher als bei ihrem Verwandten, dem Saftkugler.

Die Kellerassel hat sieben Beinpaare.

EIN FEINSCHMECKER

Die Kellerassel ernährt sich überwiegend von verrotteten Pflanzenteilen. Außerdem schätzt sie alte Pappkartons sowie Obst und Gemüse, das bereits von anderen Tieren angeknabbert wurde.

NICHT VERWECHSELN!

Wenn du einen Saftkugler umdrehst, siehst du, dass er mehr als sieben Beinpaare besitzt. Er lebt meist in Wäldern.

J F M A M J J A S O N D

- Fast an allen kühlen Orten
- Flachland und Hügel

Spinnenläufer

Scutigera coleoptrata

Oft überrascht man den Spinnenläufer, wenn man zu Hause nachts das Licht einschaltet. Dann flüchtet er schnell. Er lebt dort, wo es feucht ist.

- Klasse: Hundertfüßer
- Ordnung: Spinnenläufer
- nachtaktiv
- Länge: 25 bis 40 mm

Der Spinnenläufer lebt räuberisch und tötet die Beute mit einem Gift aus seinen unten am Kopf sitzenden Kieferklauen.

SCHON GEWUSST?
Spinnenläufer sind nicht nur schnell, sondern können auch von einem Möbelstück zum anderen springen oder im Lauf rechtwinklige Haken schlagen.

Der Spinnenläufer besitzt genau 15 Beinpaare.

NICHT VERWECHSELN!
Beim Steinläufer sind Beine und Fühler wesentlich kürzer.

Neugeborene Spinnenläufer ähneln ihren Eltern, doch ihre Beine sind nur angedeutet. Von einer Häutung zur nächsten werden sie länger.

J F M A M J J A S O N D

- Häuser, Wälder
- Flachland und Berge

KÄFER

- HIRSCHKÄFER
- NASHORNKÄFER
- GOLD-ROSENKÄFER
- BLATTHORNKÄFER
- WALDMISTKÄFER
- LILIENHÄHNCHEN
- KARTOFFELKÄFER
- ROSMARINKÄFER
- SIEBENPUNKT-MARIENKÄFER
- GEWÖHNLICHER BIENENKÄFER
- FELD-SANDLÄUFER
- GOLDSCHMIED
- BLATTGRÜNER SCHENKELKÄFER
- ROTGELBER WEICHKÄFER
- SCHWARZER MODERKÄFER
- GLÜHWÜRMCHEN
- TOTENUHR

Hirschkäfer

Lucanus cervus

Der Hirschkäfer ist der größte Käfer Europas. An warmen Juniabenden fliegen die Männchen aus, um nach Weibchen Ausschau zu halten. Dann bekommt man sie am ehesten zu sehen.

Schon gewusst?

Seinen Namen verdankt der Hirschkäfer den stark entwickelten Kiefern des Männchens, die an ein Hirschgeweih erinnern.

- Klasse: Insekten
- Ordnung: Käfer
- aktiv in der Dämmerung
- Länge: 25 bis 85 mm

Die Fühler sind gewinkelt und gehen in Blättchen über.

Die Larve

Die bis zu 10 cm lange Larve lebt in abgestorbenem Holz. Ihre Entwicklung dauert vier bis fünf Jahre. Sie ist nützlich, weil sie die Verrottung von Baumstümpfen, abgestorbenen Wurzeln und umgestürzten Stämmen fördert.

Nicht verwechseln!

Das Hirschkäfer-Weibchen ähnelt dem Balkenschröter, doch dieser Käfer ist kleiner und ganz schwarz, und auch das Männchen hat kurze Kiefer.

J F M A M J J A S O N D

- Auf Eichen
- Flachland

NASHORNKÄFER

Oryctes nasicornis

Trotz seiner beachtlichen Größe ist dieses Insekt völlig harmlos. Biologisch gesehen steht es dem Hirschkäfer nahe. Es fliegt in der Dämmerung und wird oft von Licht angelockt. Vor allem im Juli kannst du es daher in der Nähe von Straßenlaternen sehen.

- Klasse: Insekten
- Ordnung: Käfer
- aktiv in der Dämmerung
- Länge: 20 bis 40 mm

Das Weibchen hat kein Horn.

LEBENSZYKLUS DES NASHORNKÄFERS

Das Weibchen legt seine Eier in das verfaulte Holz von Baumstümpfen oder toten Wurzeln oder aber in den Dünen an den unteren Teil von Grashalmen. Die Larve verbringt ein bis zwei Jahre im Holz. Als erwachsene Insekten leben diese Käfer nur wenige Wochen.

J F M A M J J A S O N D

- Baumstümpfe, Sägemehlhaufen, Dünen
- Flachland und Küsten

GOLD-ROSENKÄFER

Cetonia aurata

Dieses schöne Insekt mit dem metallisch schillernden Panzer ernährt sich von Pollen, Nektar, reifen Früchten und Baumharz. Gewöhnlich hält es sich auf Rosen, Holunder, Disteln und Doldenblütlern auf.

- Klasse: Insekten
- Ordnung: Käfer
- tagaktiv
- Länge: 14 bis 21 mm

Manche dieser Käfer sind zweifarbig mit violettem Brustpanzer und grüngoldenen oder rötlichen Flügeldecken.

GANZ SCHÖN SCHLAU

Wenn er gestört wird, fliegt der Gold-Rosenkäfer weg oder lässt sich auf den Boden fallen und stellt sich mit eingezogenen Fühlern und Beinen tot, bis die Gefahr vorbei ist.

DIE LARVE

Sie ähnelt der des Hirschkäfers und entwickelt sich im faulenden Holz hohler Bäume oder im Komposthaufen.

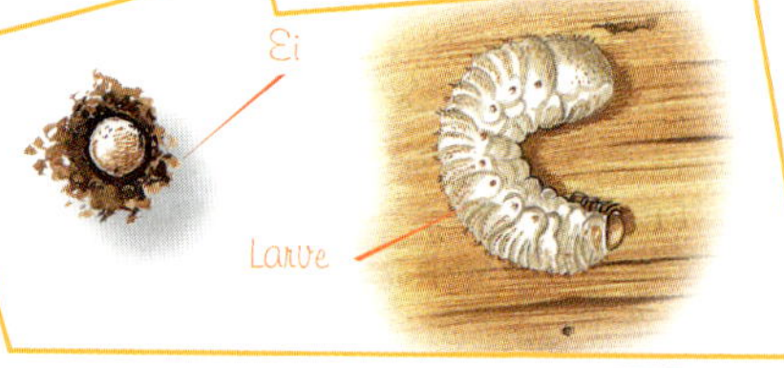

J F M A M J J A S O N D

- Auf verschiedenen Blumen, auf Baumwunden
- Flachland und Berge

BLATTHORNKÄFER

Hoplia coerulea

Diesen herrlichen, leuchtend blauen Käfer trifft man im Sommer in der Nähe von Wasserläufen an. Das Männchen hält sich häufig in der prallen Sonne auf Pflanzen auf. Das Weibchen dagegen bleibt in Bodennähe und ist deshalb schwer zu finden.

- Klasse: Insekten
- Ordnung: Käfer
- tagaktiv
- Länge: 8 bis 10,5 mm

GEHEIMNISVOLLE DAME

Das Weibchen sieht man noch am ehesten in Gesellschaft des Männchens bei der Paarung.

J F M A M J J A S O N D

- An Wasserläufen
- Ebenen

WALDMISTKÄFER

Anoplotrupes stercorosus

Am häufigsten sieht man diesen Käfer im Frühling und im Herbst in Wäldern, wo er am Boden nach Kot oder Pilzen sucht. Er fliegt geschickt in 1 oder 2 m Höhe über dem Boden.

- Klasse: Insekten
- Ordnung: Käfer
- tagaktiv
- Länge 12 bis 19 mm

KOPROPHAGE

Arten, die sich von Kot ernähren, bezeichnet man als Koprophage. Im Haushalt der Natur spielen sie eine wichtige Rolle, denn sie sorgen für das »Recycling« von Abfällen und geben an den Boden Stoffe weiter, die für das Pflanzenwachstum wichtig sind.

LEBENSZYKLUS DES MISTKÄFERS

Die Elterntiere graben einen tiefen Gang und tragen den Kot dort hinein. Das Weibchen legt seine Eier in den Kot, der die in den Monaten Juni bis Juli schlüpfenden Larven ernähren wird. Im Mai des folgenden Jahres werden aus den Larven erwachsene Käfer.

J F M A M J J A S O N D

- Wälder und Wiesen
- Flachland und Berge bis in 2000 m Höhe

Lilienhähnchen

Lilioceris liliiseptempunctata

Am ehesten triffst du diesen kleinen, leuchtend roten Käfer auf Gartenlilien an. Er hält sich auf den Blättern auf und ernährt sich von ihnen.

Seine Lieblingspflanzen

Das Lilienhähnchen lebt auf Pflanzen aus der Familie der Liliengewächse, zu denen unter anderem das Maiglöckchen, die Vielblütige Weißwurz, der Knoblauch, die Zwiebel und der Spargel zählen.

- Klasse: Insekten
- Ordnung: Käfer
- tagaktiv
- Länge: 6 bis 8 mm

Schon gewusst?

Wenn du ihn fängst, erzeugt der kleine Käfer einen schrillen Laut, indem er eine Seite der Flügeldecken gegen den Hinterleib reibt.

Die Weibchen legen bis zu 300 gelborange, 1 mm lange Eier ab.

Die Larven

Sie fressen die Blätter. Zu ihrem Schutz bedecken sie sich mit ihrem Kot.

J F M A M J J A S O N D

- Auf Liliengewächsen
- Flachland

KARTOFFELKÄFER

Leptinotarsa decemlineata

Sowohl die erwachsenen Insekten als auch die Larven ernähren sich von den Blättern der Kartoffel und anderer Pflanzen der gleichen Familie (Nachtschattengewächse), wie z. B. Tomate und Aubergine. Deshalb sind sie gefährliche Schädlinge.

DIE LARVEN

Die leuchtend orangefarbenen, schwarz gepunkteten Larven sind sehr gefräßig und entlauben ganze Pflanzen. Nach drei Wochen graben sie sich im Boden ein, verpuppen sich und kommen zwei Wochen später als erwachsene Käfer wieder zum Vorschein.

- Klasse: Insekten
- Ordnung: Käfer
- tagaktiv
- Länge: 8 bis 12 mm

Das Weibchen legt ungefähr 100 Eier an der Unterseite eines Blattes ab. Dort sind sie vor Sonne und Regen geschützt.

AMERIKANER

Dieser Käfer stammt aus den USA. Als die Kartoffel nach Europa und später auf die übrigen Kontinente gebracht wurde, folgte er ihr treu.

DER MAIKÄFER

Der bei uns heimische Maikäfer trat früher in großer Zahl auf und galt ebenfalls als schlimmer Feind der Nutzpflanzen. Er wurde so stark bekämpft, dass er heute in vielen Gegenden sehr selten geworden ist.

J F M A M J J A S O N D

- Auf Nachtschattengewächsen
- Flachland und Berge

Rosmarinkäfer

Chrysolina americana

Dieser Blattkäfer tritt vor allem dort auf, wo viel Lavendel und Rosmarin gepflanzt oder angebaut wird. Alle Blattkäfer ernähren sich von Pflanzen und sind oft auffällig bunt gefärbt. Weltweit kennt man 37 000 Arten.

- Klasse: Insekten
- Ordnung: Käfer
- tagaktiv
- Länge: 8 mm

Wenn du ihn in die Hand nimmst, zieht er Beine und Fühler ein und stellt sich tot.

Die Larve

Die kleine und grauschwarze Larve ernährt sich von Rosmarin- und Lavendelblättern. Bevor sie sich verpuppt, gräbt sie sich im Boden ein.

Weitere Blattkäfer

Vielleicht begegnest du weiteren verbreiteten Blattkäferarten. Hier siehst du zwei davon.

J F M A M J J A S O N D

- Städte, Gärten, Brachland
- Flachland und Berge

SIEBENPUNKT-MARIENKÄFER

Coccinella septempunctata

Augen-Marienkäfer

Der Siebenpunkt-Marienkäfer ist die bekannteste der zahlreichen Marienkäferarten. Dieser Käfer, der so niedlich aussieht, ist ein gefräßiger Räuber, der sich von Blattläusen, Schildläusen und anderen Pflanzenparasiten ernährt. Er selbst hat wenig natürliche Feinde, weil er bei Gefahr eine gelbe Flüssigkeit ausscheidet, die bitter und ätzend ist.

- Klasse: Insekten
- Ordnung: Käfer
- nachtaktiv
- Länge: 6 bis 8 mm

Durch ihre mittige Position wirken die beiden Flecken ganz oben wie ein einziger großer Punkt.

Der Siebenpunkt-Marienkäfer hat auf jeder Flügeldecke vier Punkte.

Zweipunkt-Marienkäfer

In den sechs Wochen des Larvenstadiums frisst der spätere Marienkäfer Hunderte von Blattläusen.

SCHON GEWUSST?

Manche Landwirte und Gärtner setzen Marienkäfer zur biologischen Schädlingsbekämpfung ein und benötigen dadurch weniger chemische Mittel.

DER LEBENSZYKLUS DES MARIENKÄFERS

Nach der Paarung im Frühjahr legt das Weibchen auf einer Pflanze mit großer Blattlauskolonie ungefähr hundert gelbe Eier ab. Nach einer Woche schlüpfen daraus kleine schwarze Larven. Nach drei Wochen und mehreren Häutungen verwandelt sich die Larve in eine Nymphe. Acht Tage später schlüpft aus der Hülle ein gelber Käfer, der nach einigen Stunden seine endgültige Farbe angenommen hat.

J F M A M J J A S O N D

- Auf Pflanzen
- Flachland und Berge

GEWÖHNLICHER BIENENKÄFER

Trichodes apiarius

Der Bienenkäfer ist ein räuberisch lebender Käfer. Er hält sich auf Blüten auf, um andere Insekten zu jagen. Außerdem ernährt er sich von Pollen.

- Klasse: Insekten
- Ordnung: Käfer
- tagaktiv
- Länge: 10 bis 18 mm

NICHT VERWECHSELN!
Der Zottige Bienenkäfer ist mit dem Gewöhnlichen Bienenkäfer verwandt und etwas größer, aber weniger verbreitet. Deutlichstes Unterscheidungsmerkmal sind die roten Flügeldeckenenden.

DIE LARVE
Die rosafarbene Larve wächst in Bienennestern heran und ernährt sich von Bienenlarven.

J F M A M J J A S O N D

- Auf Blüten in sonnigen Lagen
- Flachland und Berge

FELD-SANDLÄUFER

Cicindela campestris

Der Feld-Sandläufer läuft nicht nur schnell, sondern ist auch in der Luft flott unterwegs. Der räuberisch lebende Käfer ernährt sich von kleinen Insekten und Larven aller Arten und greift alles an, was sich bewegt. Bei Gefahr fliegt er ein paar Meter weiter. Es ist nicht leicht, ihn einzufangen!

- Klasse: Insekten
- Ordnung: Käfer
- tagaktiv
- Länge: 11 bis 15 mm

Er besitzt kräftige Mundwerkzeuge und lange, mit vier spitzen Dornen versehene Kiefer.

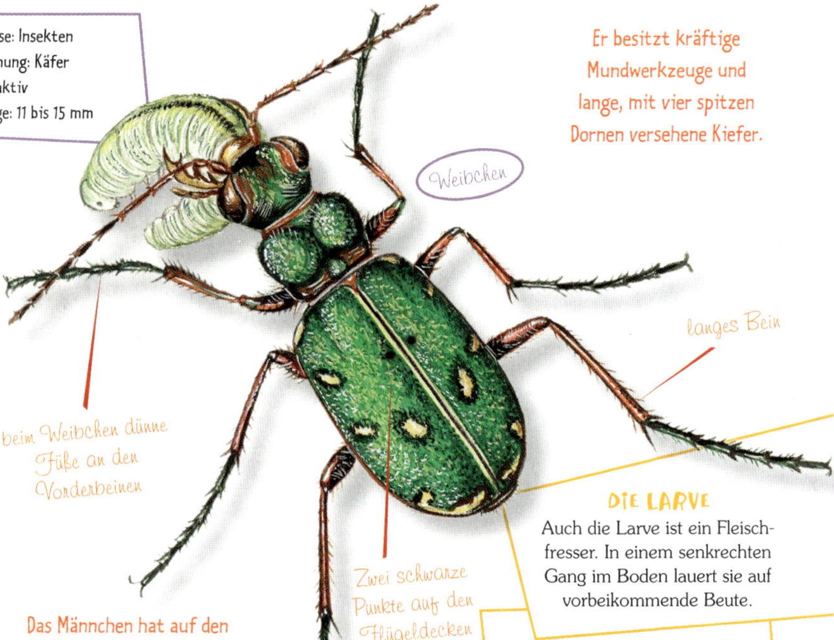

Das Männchen hat auf den Flügeldecken keine schwarzen Punkte und die Füße an den Vorderbeinen sind breiter.

DIE LARVE

Auch die Larve ist ein Fleischfresser. In einem senkrechten Gang im Boden lauert sie auf vorbeikommende Beute.

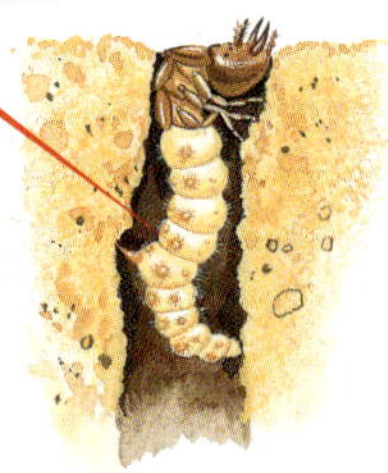

SCHON GEWUSST?

Der Feld-Sandläufer ist einer der ersten Käfer, die im Frühling, sobald es milder wird, zum Vorschein kommen.

J F M A M J J A S O N D

- Böschungen, sonnige Wege und Pfade
- Bis in 2500 m Höhe

GOLDSCHMIED

Carabus auratus

Die räuberisch lebende Larve entwickelt sich im Boden zum erwachsenen Insekt.

Dieser schöne Käfer ist ein wichtiger Verbündeter der Gärtner, denn er frisst Regenwürmer, Nacktschnecken, Gehäuseschnecken und viele Arten schädlicher Insekten. Leider wird er durch den Einsatz von Insektenvertilgungsmitteln und Schneckengift immer seltener.

- Klasse: Insekten
- Ordnung: Käfer
- überwiegend nachtaktiv
- Länge: 20 bis 30 mm

Die kalte Jahreszeit verbringt der Goldschmied in einer kleinen Kammer in totem Holz oder einer Böschung.

SCHON GEWUSST?

Bei Gefahr scheidet der Käfer durch den After eine widerliche ätzende Flüssigkeit aus.

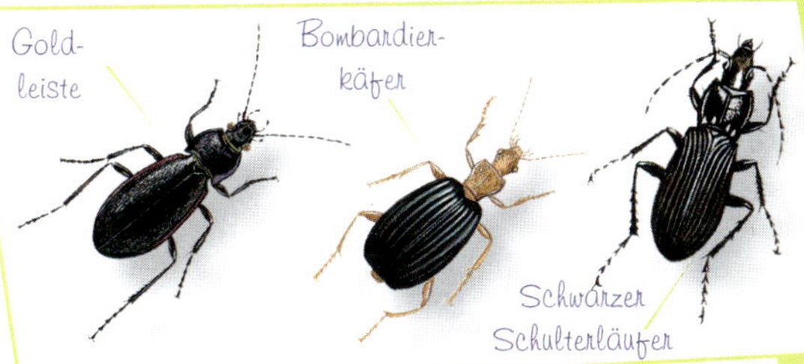

ZAHLREICHE VERWANDTE

Der Goldschmied gehört einer Familie an, deren Mitglieder sich gerne auf Feldern oder, wie der Bombardierkäfer, unter Steinen verstecken. Andere, wie der Schwarze Schulterläufer oder die Goldleiste, leben in Wäldern und flüchten sich unter Laub oder Moos.

J F M A M J J A S O N D

- Felder, Gärten und Wege, unter Steinen
- Flachland und Berge bis in 1500 m Höhe

BLATTGRÜNER SCHENKELKÄFER

Oedemera nobilis

Dieser Käfer, der viele Blüten bestäubt, ist an seiner metallisch grünen Farbe und der Lücke zwischen den Flügeldecken leicht zu erkennen. Er ernährt sich von Pollen.

- Klasse: Insekten
- Ordnung: Käfer
- tagaktiv
- Länge: 8 bis 10 mm

Im Ruhezustand liegen die Flügel unter den Flügeldecken. Im Flug werden nur die Flügel eingesetzt.

Wie auch bei vielen anderen Insekten sind die Hinterflügel zart und durchsichtig.

DIE BESTÄUBUNG

Der Schenkelkäfer ist sehr nützlich, denn er trägt Pollen von einer Blüte zu anderen und hilft den Pflanzen so, sich zu vermehren.

J F M A M J J A S O N D

- Auf Blüten, in sonnigen Lagen
- Flachland und Berge

Rotgelber Weichkäfer

Rhagonycha fulva

Du triffst diese Art an sonnigen Orten und besonders auf Blumen an. Sie ernährt sich von kleinen Insekten und von Pollen. Nicht selten sieht man auf einer Pflanze eine große Anzahl von Weichkäfern. Wenn du genau hinschaust, merkst du, dass einige von ihnen auf andere geklettert sind, um sich zu paaren.

- Klasse: Insekten
- Ordnung: Käfer
- tagaktiv
- Länge: 7 bis 10 mm

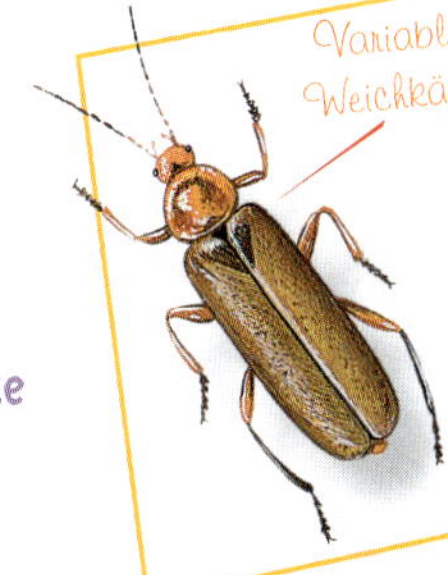

AUS DERSELBEN FAMILIE

Der Variable Weichkäfer ist eine verwandte Art, deren Flügeldeckenenden anders als beim Rotgelben Weichkäfer nicht schwarz sind.

Die vollkommen schwarze Larve sieht wie ein Wurm aus. Sie lebt räuberisch am Boden.

J F M A M J J A S O N D

- Felder, Gärten und Wälder
- Flachland und Berge

SCHWARZER MODERKÄFER

Ocypus olens

Man begegnet ihm fast das ganze Jahr über. Er versteckt sich unter Steinen und totem Holz oder jagt Schnecken und andere kleine Wirbellose.

AUS DERSELBEN FAMILIE

Der Uferkurzflügler ist in ganz Europa stark verbreitet. Weitere verwandte Arten halten sich im selben Lebensraum auf: an Flussufern.

- Klasse: Insekten
- Ordnung: Käfer
- tagaktiv
- Länge: 20 bis 32 mm

Wie die Laufkäfer kann auch diese Art einen unangenehmen Geruch verströmen, dem sie ihren Namen verdankt.

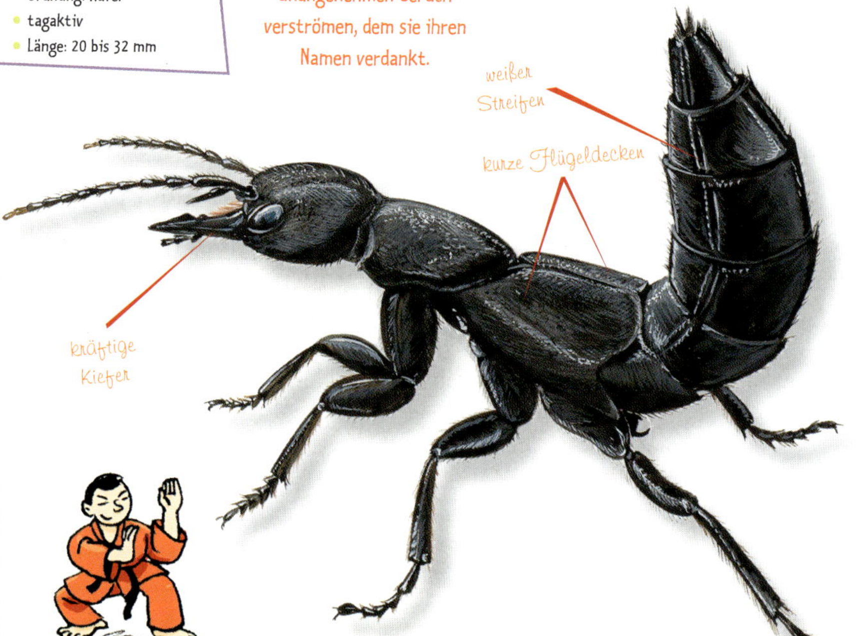

DROHHALTUNG

Wenn sich ein Moderkäfer bedroht fühlt, nimmt er eine Haltung ein, in der er einem Skorpion ähnelt. Trotzdem ist er für uns ungefährlich und kann uns mit seinen Kiefern bestenfalls leicht zwicken.

Auch wenn man ihre Flügel unter den Flügeldecken im Ruhezustand nicht sieht: Moderkäfer können fliegen.

J F M A M J J A S O N D

- Wälder, Wiesen, Felder und Gärten
- Flachland und Berge

GLÜHWÜRMCHEN

Lampyris noctiluca

Ein kleines, gelbgrünes Licht, das in einer warmen Sommernacht mitten im Gras aufleuchtet: Das ist ein Glühwürmchen. Häufig sind es die flügellosen Weibchen, die Lichtsignale abgeben, um die flugfähigen Männchen anzulocken.

SCHON GEWUSST?

Auch die Männchen und die Larven verfügen über Licht erzeugende Organe.

- Klasse: Insekten
- Ordnung: Käfer
- nachtaktiv
- Länge: 13 bis 18 mm

Ein weiterer Name dieser Art ist Großer Leuchtkäfer.

Der Käfer kann das Licht »ein- und ausschalten«.

KALTES LICHT

So nennt man das Licht der Glühwürmchen, da es durch eine komplexe chemische Reaktion entsteht, die keine Wärme freisetzt – anders als es z. B. bei einem Feuer der Fall ist.

J F M A M J J A S O N D

- Gärten, Wälder und Wiesen
- Flachland und Berge

TOTENUHR

Xestobium rufovillosum

Die Anwesenheit dieses scheuen Käfers verraten Löcher von 2 bis 4 mm Durchmesser, die er beim Schlüpfen aus dem Holz hinterlässt. Ihren Namen verdankt die Art dem Klopfen, das die erwachsenen Käfer durch Schlagen des Kopfes an die Wände ihrer Gänge erzeugen.

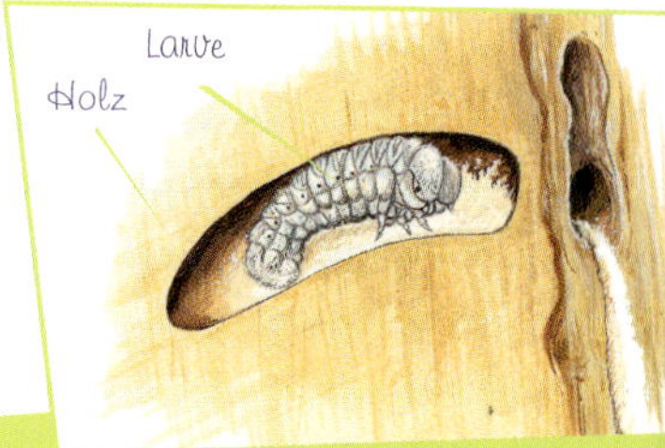

DIE LARVE

Die cremeweiße Larve ernährt sich von Holz. Ihre Entwicklung dauert mehrere Jahre, das Leben als erwachsener Käfer dagegen nur wenige Wochen.

- Klasse: Insekten
- Ordnung: Käfer
- tagaktiv
- Länge: 5 bis 7 mm

Dieser Käfer kann sich nur über Holz hermachen, das bereits von Pilzen besiedelt ist. Seine Anwesenheit deutet also auf starke Feuchtigkeit hin.

TERMITEN

In südlichen Ländern sind Totenuhren nicht die einzigen, die Holz zerstören. Termiten sind Staaten bildende Insekten, treten also in großer Zahl auf und wandern durch selbst angelegte Gänge. Auf diese Weise gelangen sie zum Holz, ohne gesehen zu werden.

NICHT VERWECHSELN!

Der Holzwurm ist ein naher Verwandter der Totenuhr und frisst sich durch Dielen, Balken und Möbel. Die Erwachsenen weisen keine Härchen auf den Flügeldecken auf und zeigen sich bis September.

J F M A M J J A S O N D

- Häuser
- Flachland und Berge

ZWEIFLÜGLER UND HAUTFLÜGLER

- STUBENFLIEGE
- SCHNAKE
- REGENBREMSE
- GEGÜRTELTE SCHWEBFLIEGE
- DEUTSCHE WESPE
- HONIGBIENE
- HOLZBIENE
- STEINHUMMEL
- WALDAMEISE

STUBENFLIEGE

Musca domestica

Um sie zu beobachten, musst du nicht weit gehen, denn sie kommt auch bei dir zu Hause vor. Sie hat einen schlechten Ruf, weil sie Keime verbreitet, aber du kannst ihr dabei zuschauen, wie sie sich regelmäßig und gründlich Kopf, Flügel und Beine putzt.

KLEINE AKROBATIN

Du wirst sehen, dass sie mit dem Kopf nach unten an der Decke oder auch an einer glatten Glasscheibe sitzen kann. Ihre klebrigen Füße ermöglichen ihr diese Kunststücke.

- Klasse: Insekten
- Ordnung: Zweiflügler
- tagaktiv
- Länge: 7 bis 9 mm

Kaum hat die warme Jahreszeit begonnen, da fliegt sie schon in die Häuser, um dort nach Futter zu suchen.

WEITERE FLIEGEN

Die Blaue Schmeißfliege erkennst du daran, dass sie von Fleisch und Fisch angelockt wird. Die Goldfliege findest du auf Aas oder Kot.

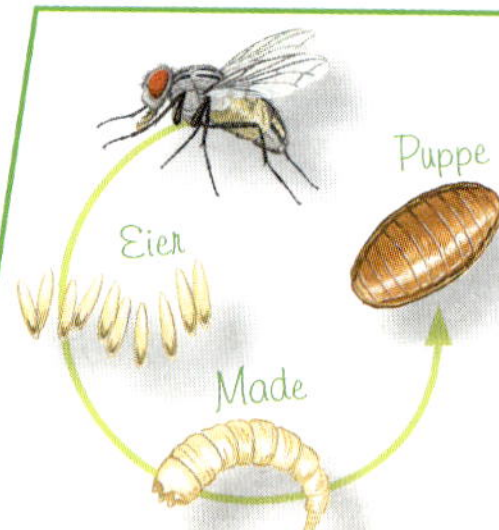

ZYKLUS DER FLIEGE

Das Weibchen legt seine Eier auf feuchte und faulende Substanzen. Nach einer Woche schlüpfen daraus die Maden (Larven). Eine Woche später verpuppen sich die Maden und aus den Puppen schlüpfen schließlich erwachsene Fliegen.

J F M A M J J A S O N D

- Überall
- Flachland und Berg

SCHNAKE

Tipula sp.

Je nach Gegend bezeichnet dieser Name verschiedene Arten. Immer wieder fliegen Schnaken versehentlich in die Häuser und findet nicht mehr hinaus. Für den Menschen sind sie harmlos.

- Klasse: Insekten
- Ordnung: Zweiflügler
- tagaktiv
- Länge: 15 bis 25 mm

IM FREIEN

In ihrem natürlichen Lebensraum siehst du sie am ehesten am Morgen oder kurz vor Sonnenuntergang. Bei Wind fliegen sie nicht gerne.

Manche Schnakenarten gelten als Schädlinge, die Rüben oder Getreide befallen.

DIE LARVE

Die Larve sieht wie ein dicker grauer Wurm aus. Sie lebt im feuchten Boden und kommt nachts oder bei Regen an die Oberfläche.

Mittels der Vorderkanten steuert die Schnake ihre Flügel und stabilisiert ihren Flug.

NICHT VERWECHSELN!

Die Stechmücke ist weniger als 10 mm lang und damit wesentlich kleiner. Nur die Weibchen stechen, denn sie ernähren sich von Blut.

Aufgrund ihres Körperbaus werden sie manchmal mit Weberknechten verwechselt.

J F M A M J J A S O N D

- Felder, Häuser, Gärten, feuchte Wälder
- Flachland und Berge

REGENBREMSE

Haematopota pluvialis

Diese Verwandte der Fliege hält sich oft vor Gewittern am Waldrand auf. Das Weibchen ernährt sich von Blut – dem von Rindern und Pferden, aber auch vom Menschen.

- Klasse: Insekten
- Ordnung: Zweiflügler
- tagaktiv
- Länge: 8 bis 12 mm

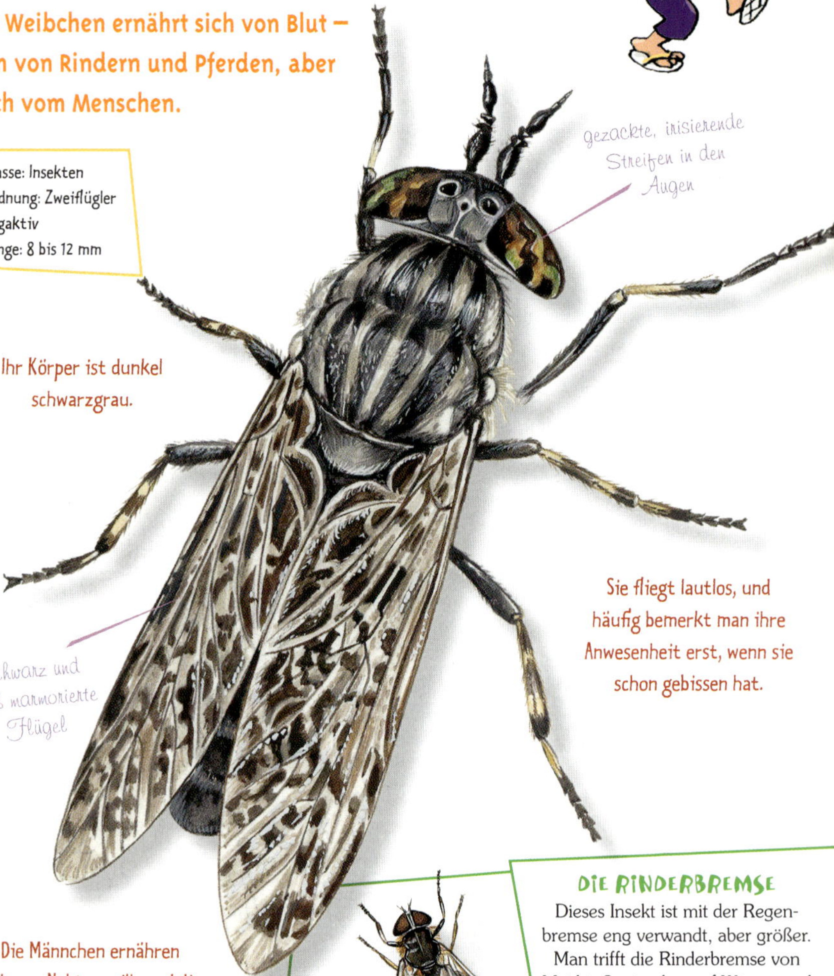

Ihr Körper ist dunkel schwarzgrau.

Sie fliegt lautlos, und häufig bemerkt man ihre Anwesenheit erst, wenn sie schon gebissen hat.

Die Männchen ernähren sich von Nektar, während die Weibchen Blut brauchen.

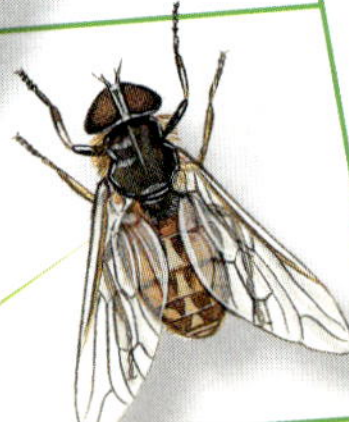

DIE RINDERBREMSE

Dieses Insekt ist mit der Regenbremse eng verwandt, aber größer. Man trifft die Rinderbremse von Mai bis September auf Wiesen und meist in der Nähe von Wasser an. Die Weibchen ernähren sich von Rinder- und Pferdeblut.

J F M A M J J A S O N D

- Feuchte Orte
- Flachland und Berge

GEGÜRTELTE SCHWEBFLIEGE

Episyrphus balteatus

Wenn du ein Insekt, das einer Wespe ähnelt, auf der Stelle fliegen siehst, dann ist es eine Schwebfliege. Die Gegürtelte Schwebfliege ist die meist verbreitete und auch am leichtesten erkennbare Art: Ihr gelber Hinterleib ist mit Paaren schwarzer Streifen verziert.

- Klasse: Insekten
- Ordnung: Zweiflügler
- tagaktiv
- Länge: 8 bis 12 mm

MIMIKRY

Dank ihrer Ähnlichkeit mit der Wespe wirkt die Schwebfliege wesentlich gefährlicher, als sie in Wirklichkeit ist, denn sie sticht nicht. Diese Ähnlichkeit harmloser Tiere mit gefährlichen bezeichnet man als Mimikry.

NICHT VERWECHSELN!

Der Hornissenschwärmer und die Wespe sind ebenfalls gelb und schwarz, unterscheiden sich aber von ihren Körperformen her stark von der Schwebfliege.

Die Larve frisst Blattläuse und ist damit eine Verbündete von Bauern und Gärtnern. Daher gilt die Schwebfliege als Nützling.

KLEINE RAKETE

Diese Art erreicht Spitzengeschwindigkeiten von 18 km/h und kann am Tag knapp 100 km zurücklegen.

J F M A M J J A S O N D

- Blumen in Wald und Garten
- Flachland und Berge bis in 3000 m Höhe

DEUTSCHE WESPE

Vespula germanica

Wie die Ameise und die Biene ist auch die Deutsche Wespe ein geselliges Insekt und lebt in Staaten von mehreren Tausend Tieren. Das graue Wespennest, das stets im Schatten hängt, ist aus einem papierähnlichen Material. Die Arbeiterinnen stellen es her, indem sie Holz- und Rindenstückchen zerkauen und einspeicheln.

Im Mittelpunkt des Staats steht eine Königin, die unter Rinde, in einer kleinen Höhle oder aber in dem Nest, in dem sie schlüpfte, überwintert hat.

- Klasse: Insekten
- Ordnung: Hautflügler
- tagaktiv
- Länge: 15 mm

Nur das Weibchen hat einen Stachel und kann stechen.

NICHT VERWECHSELN!

Die Gemeine Wespe hat auf der Stirn einen dreieckigen, länglichen Fleck, während es bei der Deutschen Wespe drei Flecken sind. Die Französische Papierwespe ist eine weitere verbreitete und sehr ähnliche Art, die aber nicht behaart ist.

Sie ernährt sich von verschiedenen Insekten und von Süßem wie z. B. Nektar oder dem Fleisch reifer Früchte.

J F M A M J J A S O N D

- Gärten, Wiesen, Brachland und Waldränder
- Flachland und Berge

HONIGBIENE

Apis mellifera

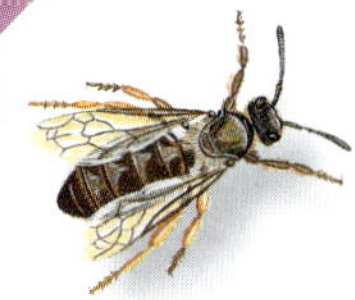

In einem Staat leben Tausende von Bienen. Sie gehören drei Gruppen mit bestimmten Aufgaben an. Die Königin legt Eier, die Arbeiterinnen bauen die Waben, halten sie instand und sammeln Pollen und Nektar, während die Männchen (Drohnen) nach der Fortpflanzungszeit keine Funktion mehr haben und aus dem Nest gejagt werden.

- Klasse: Insekten
- Ordnung: Hautflügler
- tagaktiv
- Länge: 15 mm

SEHR PRAKTISCH

Das hintere Beinpaar der Honigbiene ist an das Sammeln und Befördern des Pollens angepasst: An Borsten bleibt so viel Blütenstaub hängen, bis er dicke Kugeln bildet, die »Höschen«.

Obwohl Honigbienen seit mehreren tausend Jahren Haustiere sind, können sie auch wild leben und bauen ihr Nest dann in hohlen Bäumen.

NICHT VERWECHSELN!

Wespe und Hornisse sind insgesamt heller als Bienen und weniger behaart. Die Hornisse ist dreimal größer und macht beim Fliegen mehr Lärm.

J F M A M J J A S O N D

- Überall dort, wo Blüten sind, im Oktober im Efeu
- Flachland und Berge

HOLZBIENE

Xylocopa violacea

Diese Art, die du ebenfalls auf Blüten beobachten kannst, sieht wie eine große blauschwarze Biene aus. Der Körper ist stark behaart. Sie ist harmlos, obgleich ihr schneller, lauter Flug sie gefährlich wirken lässt.

DIE LARVE

Du bekommst sie vielleicht nie zu Gesicht, denn sie lebt am Ende eines Ganges, den das Weibchen in einen Baumstumpf, einen hohlen Baum oder einen Balken gegraben hat.

- Klasse: Insekten
- Ordnung: Hautflügler
- tagaktiv
- Länge: 30 mm

Bei uns lebt sie nur dort, wo es sehr warm ist.

SCHON GEWUSST?

Dieses Insekt lebt zwar im Holz, ernährt sich aber nicht davon. Dennoch können die Weibchen die Balken eines Hauses durch das Graben von Gängen für die Eiablage schwer beschädigen.

J F M A M J J A S O N D

- Überall, wo es Blüten gibt
- Flachland und Berge

STEINHUMMEL

Bombus lapidarius

Diese sehr verbreitete Art erkennt man leicht an ihrem dichten schwarzen Pelz und dem roten Hinterleibsende. Auf der Suche nach Pollen und Nektar fliegt sie von Blume zu Blume. Sie lebt in Staaten von einigen Hundert Insekten. Das Nest wird unter großen Steinen oder in Felsspalten angelegt.

SCHAU GENAU!

Die Bestimmung dieser Art ist nicht ganz einfach, denn einige andere Hummelarten sind ähnlich gefärbt.

- Klasse: Insekten
- Ordnung: Hautflügler
- tagaktiv
- Länge: 14 bis 18 mm (Männchen), 24 bis 27 mm (Weibchen)

Nur die Weibchen stechen, und auch nur dann, wenn sie sich bedroht fühlen.

Man hört sie, bevor man sie sieht: Der Flug der Hummel ist laut.

SCHON GEWUSST?

Die Männchen, die alte Königin und die Arbeiterinnen sterben vor Beginn des Winters. Nur die zukünftigen Königinnen werden das folgende Frühjahr erleben. Sie überwintern in einer kleinen, abgedichteten Kammer am Ende eines unterirdischen Gangs.

J F M A M J J A S O N D

- Gärten, Wiesen und Wälder
- Flachland und Berge bis in 2000 m Höhe

WALDAMEISE

Formica rufa

Wie alle in Gemeinschaften lebenden Arten müssen sich auch Ameisen untereinander verständigen. Sie tun es durch Berührungen der Fühler oder das Verströmen von Gerüchen, die wir nicht wahrnehmen.

DER AMEISENHAUFEN

Das Nest ist ein untrüglicher Hinweis für die Anwesenheit von Waldameisen. Es ist ein kleiner Hügel aus Pflanzenresten, in dem mehrere Hunderttausend Ameisen zu Hause sind, und steht meist an einer sehr sonnigen Stelle im Wald.

- Klasse: Insekten
- Ordnung: Hautflügler
- tagaktiv
- Länge: 6 bis 10 mm

Weil sie sich von Insekten ernährt, hilft sie, den Wald gesund zu erhalten.

Im Hinterleib bildet die Ameise ein Gift, die Ameisensäure, das sie gegen Fressfeinde oder zum Töten der Beute einsetzt.

SCHON GEWUSST?

Der Mai ist die Paarungszeit der Waldameisen. In dieser Zeit siehst du geflügelte Männchen, die neue Königinnen befruchten. Die jungen Königinnen gründen neue Staaten.

SCHWER ZU BESTIMMEN

Mit ihrer Färbung und Größe ähnelt die Waldameise *Formica rufa* anderen Arten, die du ebenfalls im Wald antreffen kannst. Ohne eine Lupe kann man sie kaum auseinanderhalten.

J F M A M J J A S O N D

- Wälder
- Flachland und niedrige Lagen der Berge

SCHMETTERLINGE

- ADMIRAL
- KLEINER FUCHS
- TAGPFAUENAUGE
- ZITRONENFALTER
- SEGELFALTER
- TAUBENSCHWÄNZCHEN
- PINIENPROZESSIONSSPINNER

ADMIRAL

Vanessa atalanta

Dies ist eine der meistverbreiteten Arten und man kann den Admiral sogar mitten im Winter an einem milden, sonnigen Tag antreffen. Im Herbst begegnet man dem Admiral unter Obstbäumen, wo er sich das überreife Fallobst schmecken lässt.

DIE RAUPE

Die braunschwarze bis schmutziggrüne Raupe hat gelbe Streifen und Stacheln. Sie lebt einzeln in einem eingerollten und mit Fäden zusammengesponnenen Brennnesselblatt.

- Klasse: Insekten
- Ordnung: Schmetterlinge
- tagaktiv
- Spannweite: 55 bis 60 mm

Er lebt hauptsächlich in Europa und Nordamerika.

DIE WANDERUNG

Jedes Jahr im Frühjahr fliegen Admiralfalter aus Nordafrika nach Nordeuropa. Ihre Nachkommen machen sich im Herbst nach Süden auf. Diese Wanderung unterscheidet sich von denen der Vögel, weil es nicht die gleichen Tiere sind, die zum Ursprungsgebiet zurückkehren.

Achte auf die breiten orangeroten Bänder, die den Rand der Hinterflügel bilden und sich quer über die Vorderflügel ziehen.

J F M A M J J A S O N D

- Gärten, Wiesen, Wälder mit Brennnesseln und Blumen
- Flachland und Berge

KLEINER FUCHS

Aglais urticae

Der Kleine Fuchs hält sich an den unterschiedlichsten Orten auf. Mit etwas Geduld kannst du die streitsüchtigen Männchen beobachten. Sie verfolgen jeden Eindringling, der sich in ihr Revier wagt.

- Klasse: Insekten
- Ordnung: Schmetterlinge
- tagaktiv
- Spannweite: 50 mm

DREI GENERATIONEN

Die Schmetterlinge, die du im Frühling siehst, haben überwintert. Sie werden eine zweite Generation zeugen, die im gleichen Jahr ebenfalls Nachwuchs bekommt, wenn das Wetter mild ist.

Man erkennt diese Art an den drei großen schwarzen Flecken auf den Vorderflügeln.

DIE RAUPEN

Sie sitzen in Gruppen auf Brennnesselblättern, von denen sie sich ernähren. Mit den gelben Streifen auf Rücken und Seiten unterscheiden sie sich deutlich von den Raupen des Tagpfauenauges, die ebenfalls oft auf Brennnesseln anzutreffen sind.

NICHT VERWECHSELN!

Auf den Hinterflügeln des Großen Fuchses sind keine großen schwarzen Flecken und seine Flügel wirken einheitlicher braun.

J F M A M J J A S O N D

- Brachland, Gärten, Böschungen
- Flachland und Berge bis in 3000 m Höhe

TAGPFAUENAUGE

Inachis io

Mit ausgebreiteten Flügeln ist er unverwechselbar. Die vier großen Augenflecken scheinen einen anzustarren. Mit zusammengefalteten Flügeln dagegen ist er leicht zu übersehen: Die dunkle Farbe und die Musterung der Flügel tarnen ihn gut.

Die zur Puppe gewordene Raupe hängt etwa 15 Tage lang kopfüber von einem Blatt. Dann schlüpft der Schmetterling aus der Hülle.

- Klasse: Insekten
- Ordnung: Schmetterlinge
- tagaktiv
- Spannweite: 60 mm

DIE RAUPE

Sie lebt in Gruppen. Wenn du dir im Frühling Brennnesseln genauer anschaust, wirst du die stacheligen schwarzen, gelb gepunkteten Raupen auf den Blättern entdecken.

FALSCHE AUGEN

Die Augenflecken auf der Oberseite der Flügel sollen Fressfeinde täuschen. Sie vermitteln ihnen den Eindruck, ein wesentlich größeres Tier vor sich zu haben.

J F M A M J J A S O N D

- Überall, wo es Blüten gibt
- Flachland und Berge

ZITRONENFALTER

Gonepteryx rhamni

Typische Kennzeichen dieser Art sind die kleinen Spitzen und orangefarbenen Flecken jedes Flügels. Die Geschlechter unterscheiden sich durch die Farbe der Flügel. Die des Männchens sind zitronengelb, während die des Weibchens heller und weiß bis hellgrün sind.

- Klasse: Insekten
- Ordnung: Schmetterlinge
- tagaktiv
- Spannweite: 50 bis 55 mm

WINTERFEST

Mitunter kann man sogar mitten im Winter Zitronenfalter sehen, wenn man sich das Laub einer Efeupflanze genauer anschaut, ohne es zu berühren. Die erwachsenen Schmetterlinge überwintern hier und wachen auf, sobald es milder wird.

DIE RAUPE

Die grüne, an den Seiten weiß gestreifte Raupe lebt einzeln auf der Wirtspflanze. Sie ist sehr unscheinbar. Oft verraten nur die Fraßspuren ihre Anwesenheit.

Die Entwicklung vom Ei zum erwachsenen Schmetterling dauert knapp zwei Monate.

J F M A M J J A S O N D

- Gärten, Hecken, Waldränder, Böschungen
- Vom Meeresspiegel bis in 2000 m Höhe

Segelfalter

Iphiclides podalirius

Diesen majestätischen, in gerader Linie fliegenden Schmetterling erkennt man an den sechs schwarzen Streifen, die schräg über die Vorderflügel verlaufen. Manche dieser Falter scheinen niemals ein bestimmtes Gebiet zu verlassen. Dieses Revierverhalten ist vor allem für Männchen typisch.

- Klasse: Insekten
- Ordnung: Schmetterlinge
- tagaktiv
- Spannweite: 80 mm

Seine Lieblingspflanze ist der Schlehdorn.

Schon gewusst?

Wenn sie sich bedroht fühlt, stülpt die Raupe ein kleines orangefarbenes Organ aus, das hinter ihrem Kopf sitzt. Es verströmt einen unangenehmen Geruch, der Angreifer vertreiben soll.

Die Geschlechter ähneln sich stark. Die Weibchen sind größer und oft heller.

Nicht verwechseln!

Der Schwalbenschwanz weist keine schwarzen Querstreifen auf.

Verwandlungskünstlerin

Wenn sie aus dem Ei schlüpft, sieht die schwarze Raupe mit ihren zwei hellen, gelbgrünen Flecken wie Vogelkot aus. Auf diese Weise täuscht sie Fressfeinde. Nach der ersten Häutung ist die Raupe grün gemustert und sieht einem Blatt täuschend ähnlich. Später bilden sich auf ihrem Körper rotbraune Flecken, die so aussehen wie Verfärbungen auf totem Laub.

J F M A M J J A S O N D

- Brachland und Gärten in warmer, trockener Lage
- Flachland und Berge bis in 1500 m Höhe

TAUBENSCHWÄNZCHEN

Macroglossum stellatarum

Er ist der reinste Kunstflieger: Er kann an einer Stelle schweben, rückwärts fliegen oder ganz plötzlich abdrehen. Ihn zu fangen, ist so gut wie unmöglich. Seine Flügel bewegt er so schnell, dass man sie nur als vage Formen sieht.

Die aufgerollte Zunge bleibt im Flug unter dem Kinn verborgen.

- Klasse: Insekten
- Ordnung: Schmetterlinge
- tagaktiv
- Länge: 30 mm

Er ernährt sich ausschließlich von Nektar. Mit seiner langen Zunge saugt er ihn aus dem Inneren der Blüte. Dabei »steht« er in der Luft.

Taubenschwänzchen, die in Südeuropa überwintern, können dort mitunter auch im Winter beobachtet werden.

IM FLUG

Ähnlich wie ein Kolibri saugt dieses Insekt den Nektar schwebend aus einer Blüte, also ohne sich auf die Pflanze zu setzen.

WANDERUNGEN

Auf ihren Flügen legt diese Art lange Wanderungen zurück. Im Herbst suchen die Schmetterlinge Südeuropa und Nordafrika auf. Im Frühling fliegen sie Hunderte von Kilometern weit in den Norden Europas.

J F M A M J J A S O N D

- Parks, Felder, Gärten, Böschungen, Dünen
- Flachland und Hügel

PINIENPROZESSIONSSPINNER

Thaumetopoea pityocampa

Den erwachsenen Insekten begegnet man nur selten. Dafür sind die Prozessionen der Raupen umso auffälliger. Ihre großen Kokons an den Enden von Pinienästen sind ebenfalls ein deutlicher Hinweis auf ihre Anwesenheit. Berühre die Raupen nie, denn ihre Borsten rufen Hautreizungen hervor.

- Klasse: Insekten
- Ordnung: Schmetterlinge
- nachtaktiv
- Länge: 35 bis 40 mm

Auf dem Baumstamm oder am Boden kann die Prozession mehrere Meter lang sein.

DIE LARVE

Die Larven leben in Gruppen von 100 bis 150 Tieren in einem großen Kokon, den sie an einem Astende gesponnen haben. Sie verlassen ihr Nest nachts, um die Nadeln ihrer Wirtspflanze zu fressen. Gegen Ende des Winters wandeln sie als Prozession den Baumstamm hinunter, um sich in der Erde zu verpuppen und zu Schmetterlingen zu werden.

SCHON GEWUSST?

Wenn bei der Prozession eine Raupe den Kontakt zu den anderen verliert, bleibt die Raupe vor ihr stehen und weicht zurück. Alle anderen Raupen tun es ihr hintereinander nach, bis die Nachzüglerin wieder im Zug ist.

Schmetterling
J F M A M J J A S O N D

Raupe
J F M A M J J A S O N D

- Wälder, Parks und Gärten mit Pinien oder Zedern
- Flachland und Hügel

ANDERE INSEKTEN

- FEUERWANZE
- STREIFENWANZE
- WASSERLÄUFER
- GROSSE ROSENBLATTLAUS
- FLORFLIEGE
- FELDGRILLE
- BLAUFLÜGEL-ÖDLANDSCHRECKE
- GROSSES HEUPFERD
- SILBERFISCHCHEN
- OHRWURM
- GROSSE PECHLIBELLE
- GROSSER BLAUPFEIL

FEUERWANZE

Pyrrhocoris apterus

Mit den Mundwerkzeugen wird Saft aus einem Stängel gesaugt.

Diese sehr verbreitete Wanze triffst du häufig unter Platanen und Linden an. Auch auf Malven hält sie sich gerne auf. Sie ernährt sich von Samen und Früchten, saugt aber auch an Insektenkadavern. Vielleicht kannst du eine Feuerwanze beobachten, die ein totes Insekt ansticht.

- Klasse: Insekten
- Ordnung: Schnabelkerfen
- tagaktiv
- Länge: 10 mm

Feuerwanzen leben gesellig. In großen Gruppen wärmen sie sich in der Frühlingssonne.

Die Larve ähnelt dem erwachsenen Insekt, ist aber kleiner und überwiegend rötlich oder orangefarben.

Sie wird auch Gemeine Feuerwanze oder Flügellose Feuerwanze genannt.

LIEBESTANZ

Im April oder Mai sieht man Feuerwanzen, die am Hinterleib miteinander verbunden herumkrabbeln. Es handelt sich um ein Männchen und ein Weibchen bei der Paarung.

NICHT VERWECHSELN!

Die Beine der räuberisch lebenden Roten Mordwanze sind größtenteils rot. Rote und schwarze Quadrate schmücken den Rand des Hinterleibs.

J F M A M J J A S O N D

- Wälder, Gärten, Grünanlagen
- Flachland und Hügel

STREIFENWANZE

Graphosoma italicum

Man nennt sie auch Badehosenwanze.

Im Hochsommer kann man die Streifenwanze unter Doldenblütlern beobachten (das sind Pflanzen, deren weiße Blüten kleine Schirme bilden). Mit den schwarzen und roten Streifen ist dieses Insekt ziemlich auffällig.

BÄÄÄH!

Die auffällige Färbung warnt Vögel und andere mögliche Fressfeinde vor ihrem unangenehmen Geschmack.

- Klasse: Insekten
- Ordnung: Schnabelkerfen
- tagaktiv
- Länge: 10 mm

Fühler und Beine sind schwarz.

DAS GLEICHE IN GRÜN?

Manche Wanzenarten fallen weniger auf, weil sie so grün wie das Laub sind. Eine von ihnen, die Grüne Stinkwanze, erkennst du an den drei kleinen weißen Punkten auf ihrem Rücken.

NICHT VERWECHSELN!

Der Fleckigen Streifenwanze kannst du bei einem Urlaub am Mittelmeer begegnen. Sie hat rote Beine und ihr Rückenschild ist nicht gestreift, sondern gepunktet.

DIE LARVE

Sie sieht wie das erwachsene Insekt aus, hat aber keine Streifen und ist rötlich orange. Wie die Erwachsenen ernährt sie sich von den Säften verschiedener Pflanzen, die sie mit ihren Mundwerkzeugen ansticht.

J F M A M J J A S O N D

- Gärten, Brachland, Waldränder
- Flachland und Hügel

WASSERLÄUFER

Gerris sp.

Obwohl er ein bisschen den Mücken ähnelt, ist der Wasserläufer eine Wanze. Er ist sehr verbreitet. Oft kannst du ganze Gruppen dieser Insekten sehen, die sich mit abgehackten Bewegungen auf der Wasseroberfläche bewegen und ins Wasser gefallene Insekten fangen. Sie packen sie mit dem vorderen Beinpaar und saugen sie aus.

- Klasse: Insekten
- Ordnung: Schnabelkerfen
- tagaktiv
- Länge: 8 bis 10 mm

ALTERNATIVEN

Es gibt sowohl geflügelte als auch flügellose Wasserläufer. Bei Trockenheit können die Insekten mit Flügeln zu einem anderen Gewässer fliegen.

NICHT VERWECHSELN!

Auch der Teichläufer kann über die Wasseroberfläche laufen, aber seine Bewegungen sind langsamer. Fange die Tiere, wenn du sie genauer bestimmen willst, aber lasse dich nicht stechen! Bewegt sich das Insekt schnell und ruckweise, ist es wahrscheinlich ein Wasserläufer.

SCHON GEWUSST?

Das Insekt ist sehr leicht, und die langen Beine ermöglichen ihm, sein Gewicht gut auf der Wasseroberfläche zu verteilen. Außerdem werden seine Füße durch ihre feine Behaarung nicht nass.

J F M A M J J A S O N D

- Stehende Gewässer, langsam fließendes Wasser
- Flachland und Berge

GROSSE ROSENBLATTLAUS

Macrosiphum rosae

Diesen Feind aller Gärtner findest du an den Knospen und der Unterseite der Blätter von Rosen. Manche Rosenblattläuse haben Flügel und können dadurch immer wieder neue Pflanzen befallen.

- Klasse: Insekten
- Ordnung: Schnabelkerfen
- nachtaktiv
- Länge: 2 bis 4 mm

Diese grün bis braunrosa gefärbte Art erkennt man an den beiden kleinen Hörnern am Hinterleib.

Nicht alle Rosenblattläuse haben Flügel.

BLATTLAUSFARMEN

Manche Ameisenarten legen regelrechte Blattlauszuchten an, um den süßen Saft einzusammeln, den die Blattläuse am Hinterleib absondern.

J F M A M J J A S O N D

- Gärten und Parks mit Rosen
- Flachland und Hügel

FLORFLIEGE

Chrysopa sp.

Die wie ein Dach über dem Hinterleib anliegenden Flügel und die grüne Farbe sind typische Merkmale dieser Gruppe von Insekten, der mehrere Arten angehören.

Die Larve hat kräftige Mundwerkzeuge und ernährt sich von Blattläusen.

- Klasse: Insekten
- Ordnung: Netzflügler
- tagaktiv
- Länge: 20 mm

Die Larve nennt man auch Blattlauslöwe.

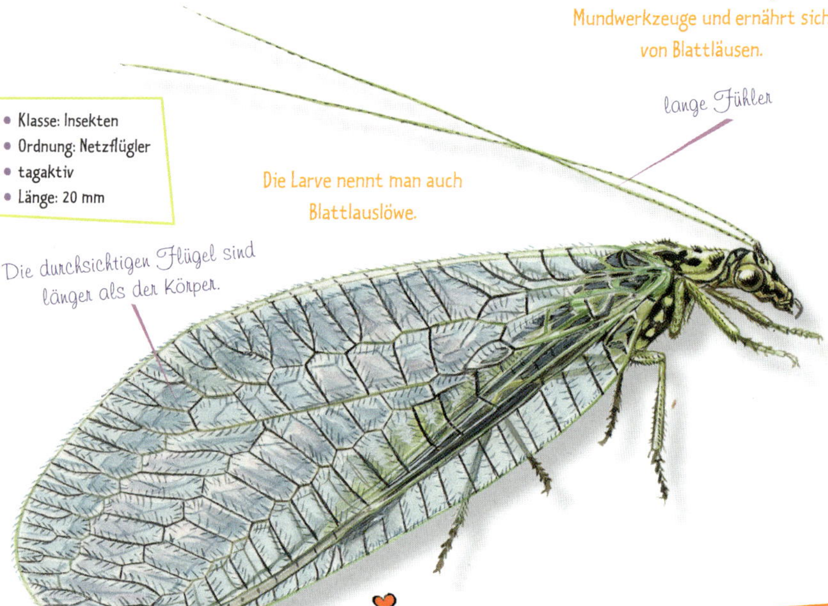

DIE LARVE

Die Larve hat einen gewaltigen Appetit und vertilgt im Laufe ihrer Entwicklung Hunderte von Blattläusen. Das macht sie zu einem wichtigen Nützling.

DIE EIER

Jedes Ei sitzt am Ende eines mehrere Millimeter langen Stiels.

J F M A M J J A S O N D

- Hecken, Wälder und Parks, mitunter auch in Häusern
- Flachland und Hügel

FELDGRILLE

Gryllus campestris

Das wiederholte, schrille Zirpen untermalt Hochsommertage und laue Abende. Um den kleinen Sänger zu finden, musst du am Boden im Gras suchen. Doch er wird verstummen, sobald er dich hört. Mit einem Grashalm und etwas Geduld kannst du ihn aus seiner Erdhöhle locken.

ERNÄHRUNG

Feldgrillen fressen Gräser, Pflanzen und kleine Insekten.

- Klasse: Insekten
- Ordnung: Heuschrecken
- tag- und nachtaktiv
- Länge: 20 bis 26 mm

Die Flügel der Weibchen sind schlichter gemustert.

Die Larve der Feldgrille ähnelt den Erwachsenen, doch die Flügel sind kleiner.

Erwachsene Grillen und ältere Larven graben bis zu 20 cm tiefe, schräg abwärts führende Gänge.

DIE MANNAZIKADE

Zikaden sind ebenfalls emsige Sänger, die aber nur in den heißesten Stunden des Tages zu hören sind. Es singen nur die Männchen: um Weibchen anzulocken oder um gegen Störungen zu protestieren.

NICHT VERWECHSELN!

Die Waldgrille ist kleiner als die Feldgrille und lebt im toten Laub am Waldboden.

J F M A M J J A S O N D

- Gestrüpp, Brachland, Felder
- Flachland

BLAUFLÜGEL-ÖDLANDSCHRECKE

Oedipoda caerulescens

Diese Heuschrecke hält sich gerne an trockenen und heißen Orten auf. Ihre Färbung ist stets an die jeweilige Farbe des Bodens ihres Lebensraums angepasst und kann grau, rotbraun, schwarz oder weißlich sein. Dadurch ist ihre Tarnung perfekt. Fühlt sie sich gestört, fliegt sie davon und ihre leuchtend blauen Hinterflügel werden sichtbar.

- Klasse: Insekten
- Ordnung: Heuschrecken
- tagaktiv
- Länge: 15 bis 28 mm

Die Larve ähnelt dem erwachsenen Insekt, ist aber kleiner und fliegt nicht. Beide ernähren sich nur von Gräsern.

NOCH EINE HEUSCHRECKE

Der Gemeine Grashüpfer ist eine sehr verbreitete Art, die du in feuchteren Gegenden häufig an Straßen- und Wegrändern antriffst.

SCHON GEWUSST?

Grashüpfer unterscheiden sich von Heuschrecken durch die kürzeren Fühler, die niemals so lang wie der Körper sind.

J F M A M J J A S O N D

- Trockene und steinige Wiesen
- Flachland und Berge

GROSSES HEUPFERD

Tettigonia viridissima

Obwohl dieses Insekt sehr groß ist, fällt es durch seine grüne Farbe zwischen den Pflanzen nicht auf. Es jagt Fliegen, Raupen und Larven. Du musst sehr genau hinschauen, um es im Gestrüpp zu entdecken.

- Klasse: Insekten
- Ordnung: Heuschrecken
- tag- und nachtaktiv
- Länge: 28 bis 42 mm

Die Fühler sind mindestens so lang wie der Körper.

DER GESANG

Das laute, schrille Zirpen hört man mindestens 50 Meter weit und bis spät in die Nacht hinein.

Mithilfe seiner Legeröhre legt das Weibchen seine reiskörnerähnlichen Eier im Boden ab..

DIE GOTTESANBETERIN

Auch diese geschickte Jägerin verbirgt sich gut getarnt zwischen den Pflanzen, um auf Beute zu lauern. Mit den mit Dornen bestückten Vorderbeinen packt sie vorbeikommende Insekten. Im Ruhezustand erinnern die vor der Brust gefalteten Vorderbeine an betende Hände. Daher hat dieses Insekt seinen Namen.

Silberfischchen

Lepisma saccharina

Sein Körper hat die Form einer platt gedrückten Karotte, ist von silbrig grauen Schuppen bedeckt und läuft in drei »Schwänzchen« aus. Es ernährt sich von winzigen Abfällen, die es in unseren Häusern findet (Papier, Brotkrümel usw.). Manchmal überrascht man es, wenn man nachts plötzlich Licht macht.

- Klasse: Insekten
- Ordnung: Borstenschwänze
- nachtaktiv
- Länge: 9 bis 13 mm

Das Silberfischchen bewegt sich wellenförmig fort – ähnlich wie ein Fisch im Wasser – und daher der Name.

Man nennt es auch Zuckergast.

Langlebig

Die durchschnittliche Lebenserwartung beträgt drei Jahre, aber manche Silberfischchen wurden sogar sieben Jahre alt und älter.

Es sieht aus, als hätte dieses Insekt drei Schwanzborsten. In Wirklichkeit sind es zwei und ein Terminalfaden.

Nicht verwechseln!

Das Ofenfischchen ist bräunlich gefärbt und liebt warme Orte. Du begegnest ihm in der Nähe von Heizkörpern. Im Wald unter altem Laub oder der Rinde toter Bäume lebt eine ähnliche Art, der Felsenspringer.

Die Larve

Die nach dem Ausschlüpfen weiße Larve ähnelt den Elterntieren, entwickelt aber erst nach drei oder vier Wochen die charakteristische silbergraue Färbung.

J F M A M J J A S O N D

- Feuchte Stellen in Häusern
- Flachland und Hügel

OHRWURM

Forficula auricularia

Sein Name hat ihm zahlreiche Vorurteile eingetragen, die aber keineswegs berechtigt sind: Der Ohrwurm kriecht wieder in Ohren noch zwickt er sie. Für den Menschen vollkommen harmlos, versteckt er sich tagsüber in Ritzen, unter Steinen und der Rinde von Bäumen. Er ernährt sich von Wurzeln, Knospen, Blüten, Blättern und Früchten, aber auch von Insekten.

- Klasse: Insekten
- Ordnung: Ohrwürmer
- nachtaktiv
- Länge: 10 bis 16 mm

SCHON GEWUSST?

Der Ohrwurm kann auch fliegen. Kleine dreieckige Flügeldecken bedecken ein paar bewundernswert Raum sparend zusammengefaltete Flügel.

Mit seinem sehr platten Körper kann er durch schmale Ritzen schlüpfen.

VORBILDLICHE MUTTER

Das Ohrwurm-Weibchen betreibt eine für Insekten ungewöhnlich fürsorgliche Brutpflege. In seinem Unterschlupf bewacht und wendet es die Eier. Nach dem Schlüpfen beschützt und ernährt es die Larven, die noch keine Flügel haben.

J F M A M J J A S O N D

- Unter Rinde, unter Steinen, in Spalten
- Flachland und Berge bis in über 1000 m Höhe

GROSSE PECHLIBELLE

Ischnura elegans

Diese Art ist sehr verbreitet. Anders als die Großlibellen, die ihre Flügel beim Ruhen seitlich wegstrecken, falten die Kleinlibellen ihre Flügel über dem Hinterleib zusammen. Ihr Körper ist schlanker. Da sie langsamer fliegen, kann man sie leichter fangen.

- Klasse: Insekten
- Ordnung: Libellen
- tagaktiv
- Länge: 30 mm
- Spannweite: 35 bis 40 mm

DIE LARVE

Sie lebt im Wasser und ernährt sich von kleinen Wirbellosen.

Manchmal fliegen Männchen und Weibchen gemeinsam. Sie paaren sich dann gerade und sind am Hinterleib miteinander verbunden.

NICHT VERWECHSELN!

Das Männchen der Kleinen Pechlibelle ähnelt der Großen Pechlibelle sehr. Vergleicht man aber die Hinterleib-Enden, sieht man, dass der blau gefärbte Teil nicht an der gleichen Stelle sitzt.

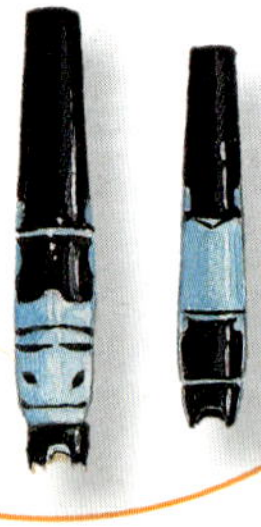

J F M A M J J A S O N D

- Stehendes Wasser, Seen, Bäche und Moore
- Flachland und Berge bis in über 1000 m Höhe

GROSSER BLAUPFEIL

Orthetrum cancellatum

Wenn du diese Großlibelle siehst, lohnt es sich, sehr still und geduldig zu sein: Vielleicht kannst du einen Luftangriff beobachten. Wenn sie sich auf einem Halm oder Blatt ausruht und eine andere Libelle vorbeifliegt, wird sie sie sofort verfolgen, um sie zu vertreiben. Auch andere Arten von Großlibellen zeigen dieses Revierverhalten.

Die Weibchen mancher Libellenarten legen die Eier aus der Luft ab, indem sie mit dem Ende des Hinterleibs gegen die Wasseroberfläche schlagen.

- Klasse: Insekten
- Ordnung: Libellen
- tagaktiv
- Länge des Hinterleibs: 30 bis 35 mm

Das Weibchen hat einen gelben Hinterleib mit schwarzer Musterung.

DIE HÄUTUNG

Anders als ihre Eltern lebt die Larve im Wasser und wird es erst verlassen, wenn sie sich in eine erwachsene Libelle verwandelt. Wenn du dir im Mai und Juni Uferpflanzen genauer ansiehst, entdeckst du vielleicht die Hülle, die eine Libelle nach ihrer letzten Häutung zurückließ.

J F M A M J J A S O N D

- Seen, stehende Bereiche von Wasserläufen
- Flachland und Berge in bis zu 1000 m Höhe

REGISTER

WEITERE NATURFÜHRER FÜR ENTDECKER:

- Bäume
- Wildblumen
- Pilze

cbj

ist der Kinder- und Jugendbuchverlag
in der Verlagsgruppe Random House

Umwelthinweis:
Alle bedruckten Materialien dieses Taschenbuchs sind chlorfrei und umweltschonend.

1. Auflage
Deutsche Erstausgabe September 2008
Gesetzt nach den Regeln der Rechtschreibreform
© 2007 Éditions MILAN – 200, rue Léon-Joulin, 31101 Toulouse Cedex 9, France
Französischer Originaltitel: Mes Guides Nature. Les Petites Bêtes
Deutschsprachige Ausgabe © 2008 cbj Verlag, München
Alle deutschsprachigen Rechte vorbehalten
Aus dem Französischen von Cornelia Panzacchi
Umschlag- und Innenillustrationen: Anne Eydoux
Kleine Comicfiguren: Lukino
Umschlaggestaltung: Basic-Book-Design, Karl Müller-Bussdorf
unter Verwendung des Originalumschlags
MI · Herstellung: ReD
Satz: Buch-Werkstatt GmbH, Bad Aibling
Druck: Těšínská tiskárna, a.s.
ISBN: 978-3-570-21918-8
Printed in the Czech Republik

www.cbj-verlag.de